贺兰山矿山乡土植物图鉴

刘秉儒 等　著

科学出版社

北　京

内 容 简 介

贺兰山是我国西北地区最重要的生态屏障。维护和提升贺兰山生态系统功能，对保障宁夏平原乃至我国西北地区生态安全及经济社会可持续发展具有重要意义。当前的采矿活动不但破坏了植被，而且造成水土流失，诱发山体滑坡等地质灾害，对脆弱的生态环境造成极大破坏。植被恢复是贺兰山矿山生态修复的关键，也是难点。乡土物种是矿区植被恢复的核心。本图鉴收录了矿区调查到的20科63个乡土物种，物种名称按照国际最新的APG（Angiosperm Phylogeny Group）系统命名，体系完整、特色突出、图文并茂、内容翔实。

本书可为从事矿区生态修复的专家、广大科技工作者、生态科技管理者、研究生，以及大中小学校师生生态科普教育提供参考。

图书在版编目（CIP）数据

贺兰山矿山乡土植物图鉴 / 刘秉儒等著. —北京：科学出版社，2021.3

ISBN 978-7-03-068320-5

Ⅰ. ①贺…　Ⅱ. ①刘…　Ⅲ. ①贺兰山－植物－图集　Ⅳ. ①Q948.524.3-64

中国版本图书馆CIP数据核字（2021）第043519号

责任编辑：罗　静　岳漫宇　刘新新 / 责任校对：刘　芳
责任印制：吴兆东 / 封面设计：刘新新

科学出版社 出版
北京东黄城根北街16号
邮政编码：100717
http: //www.sciencep. com

北京建宏印刷有限公司 印刷
科学出版社发行　各地新华书店经销

*

2021年3月第　一　版　开本：890 × 1240　1/32
2021年3月第一次印刷　印张：2 5/8
字数：83 000

定价：128.00元

（如有印装质量问题，我社负责调换）

《贺兰山矿山乡土植物图鉴》著者名单

主要著者

刘秉儒

其他著者

李小伟　李子豪　杨鹏斌

前　言

贺兰山是我国西北地区最后一道生态屏障，高耸的地形和良好的植被对银川平原起着至关重要的保护作用，有效保障了宁夏及河套地区农业的稳产高产和生态环境的安全。习近平总书记指出，贺兰山是我国重要自然地理分界线和西北重要生态安全屏障，维系着西北至黄淮地区气候分布和生态格局，守护着西北、华北生态安全。保护好、治理好、修复好、建设好贺兰山生态环境，是践行习近平生态文明思想，贯彻落实习近平总书记视察宁夏讲话精神，建设美丽新宁夏的关键举措。因此，加强贺兰山生态保护，维护和提升贺兰山生态系统功能，对保障宁夏平原乃至我国西北地区生态安全及经济社会可持续发展，促进生态文明建设，实现国家大战略，有着十分重要的意义。

由于不同历史时期社会经济发展的需要，在宁夏贺兰山地区人类活动频繁，破坏环境问题层出不穷。采矿破坏地表植被，造成水土流失，诱发山体滑坡等地质灾害，对地质环境、景观、水环境、生物多样性等均产生巨大影响。

宁夏自 2017 年 5 月正式打响“贺兰山生态保卫战”以来，关停矿山并实施了一系列生态环境整治工程，解决了贺兰山矿区突出的环境问题。但是，贺兰山干旱少雨、水资源缺乏，对于相对丰富的野生植物资源没有开发利用，矿山生态修复所需植物材料极为匮乏。因此，贺兰山矿山的植被恢复是矿山生态修复的关键和难点。贺兰山矿区植被恢复，应以乡土物种为核心。为此，笔者带领团队对矿渣土上生长的植物进行标本采集、拍照、鉴定，撰写了这本具有科普性质的册子。本图鉴收录了 20 科 63 个乡土植物物种，物种名称按照国际最新的 APG（Angiosperm Phylogeny Group）系统命名，所以部分物种科属和当前图书资料中常见的恩格勒系统植物分类有差异。

本书的出版，受到中央高校基本科研业务费北方民族大学高层次人才引进科研启动项目和宁夏重点研发计划项目资助，以及科学出版社编辑的大力协助，在此特别致以谢意。本书可为从事矿区生态修复的专家、广大科技工作者、生态科技管理者、研究生，以及大中小学校师生生态科普教育提供参考。

因学识水平有限，不足之处在所难免，恳请读者批评指正。联系邮件：bingru.liu@163.com。

刘秉儒

2020 年 10 月 18 日

目　　录

裸子植物 Gymnosperms

被子植物 Angiosperms

GYMNOSPERMS

裸子植物

一、柏科 Cupressaceae

刺柏属 *Juniperus* L.

叉子圆柏 *Juniperus sabina* L.

匍匐灌木。枝皮灰褐色，呈薄片状剥落。枝稠密，一年生小枝的分枝均为圆柱形。叶二型。球花单性，雌雄异株；雄球花椭圆形，各具 2 ～ 4 个花药。球果多为倒三角状球形，生于向下弯曲的小枝顶端，成熟时褐色至黑色。种子卵圆形，具纵脊与树脂槽。

生于海拔 1800 ～ 2800m 山坡、沟谷及砂石地。

二、麻黄科 Ephedraceae

麻黄属 *Ephedra* Tourn. et L.

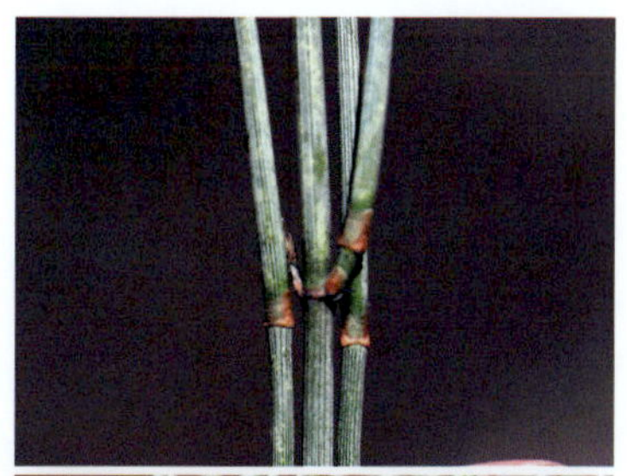

木贼麻黄 *Ephedra equisetina* Bge.

直立灌木。叶2裂，大部合生，仅上部约1/4分离，裂片短三角形。雄球花单生或3～4朵集生于节上，卵圆形，苞片3～4对，基部约1/3合生，假花被近圆形，雄蕊6～8个，花丝全部合生，微外露；雌球花常2个对生于节上，狭卵圆形，苞片3对，最上1对苞片约2/3合生，雌花1～2朵，珠被管稍弯曲。雌球花成熟时肉质红色，具短梗。种子1粒，具明显的点状种脐与种阜。

生于海拔1800～2800m的山脊、沟谷及陡壁岩石上。

ANGIOSPERMS

被子植物

三、禾本科 Gramineae

针茅属 *Stipa* L.

短花针茅 *Stipa breviflora* Griseb.

多年生草本。须根常具沙套。秆直立或有时基部膝曲，丛生，基部具残存枯萎叶鞘。叶鞘短于节间，无毛或基部偶具短柔毛；叶舌膜质，圆钝；叶片纵卷成针状。圆锥花序稍开展，下部为叶鞘所包被，分枝细瘦、光滑，小穗灰绿色或淡紫褐色；颖近等长，具3脉，先端长渐尖；外稃长，具5脉，顶端关节处有短毛，其下具短硬毛，背部具排列成纵行的短毛，基盘尖，密生柔毛；芒2回膝曲，扭转，全体白色柔毛，芒针，弧形弯曲。花果期5～6月。

生于干旱山坡、砾石滩地及沙质地。

芨芨草属 *Achnatherum* Beauv.

芨芨草 *Achnatherum splendens* (Trin.) Nevski

多年生草本。须根粗壮，具沙套。秆直立，粗壮，密丛生，基部具分蘖残存枯萎的黄褐色叶鞘。叶鞘无毛，边缘膜质；叶舌膜质，先端尖，两侧下延与叶鞘边缘结合；叶片纵卷，无毛。圆锥花序开展，分枝细弱，斜升；小穗，灰绿色或带紫色；颖膜质，披针形或椭圆形，先端尖或锐尖，具 1 ～ 3 脉，第一颖略短于或较第二颖短 1/3 ；外稃具 5 脉，背部密生柔毛，基盘钝圆，被柔毛，顶端具 2 裂齿，芒自裂齿间伸出，直立或微弯曲，不扭转，粗糙，易断落；内稃具 2 脉，间脉有毛；花药顶端具毫毛。花果期 6 ～ 8 月。

生于海拔 1400 ～ 1800m 荒滩、沙质地、半固定沙丘及路旁等处。

披碱草属 *Elymus* L.

阿拉善披碱草 *Elymus alashanicus* (Keng) S. L. Chen

多年生草本。秆疏丛生，直立或基部倾斜，质刚硬，通常具3节。叶鞘紧密裹茎，通常短于节间，无毛；叶舌透明膜质，截平；叶片坚韧直立，内卷成针状，下面无毛，上面被微小的短柔毛。穗状花序直立，细瘦，穗轴节间棱边粗糙；小穗贴生穗轴，淡黄色，含4～6朵花；颖矩圆状披针形，先端锐尖，边缘膜质，通常具3脉；外稃披针形，先端锐尖或钝头，平滑，脉不明显或于近顶端处具3～5脉，第一外稃，顶端无芒，基盘无毛，内稃与外稃等长或略长于外稃，顶端微凹，脊粗糙或下部近于平滑。

生于海拔1600～2200m石质山坡。

偃麦草属 *Elytrigia* Desv.

偃麦草 *Elytrigia repens* (L.) Nevski

多年生草本。叶鞘光滑无毛，而基部分蘖叶鞘具向下柔毛；叶舌短小；叶耳膜质，细小；叶片扁平，上面粗糙或疏生柔毛，下面光滑。穗状花序直立；穗轴节间光滑而仅于棱边具短刺毛；小穗含 5 ～ 7（10）朵小花；小穗轴节间长约 1.5mm，无毛；颖披针形，具 5 ～ 7 脉，光滑无毛，有时脉间粗糙，边缘膜质；外稃长圆状披针形，具 5 ～ 7 脉，顶端渐尖，具短尖头，芒长约 2mm，基盘钝圆，第一外稃长约 12mm；内稃稍短于外稃，具 2 脊，脊上生短刺毛；花药黄色。花果期 6 ～ 8 月。

生于石质山坡及沟谷溪边。

冰草属 *Agropyron* Gaertn.

冰草 *Agropyron cristatum* (L.) Gaertn.

多年生草本。须根具沙套。秆疏丛生，基部节常膝曲，具 2 ～ 3 节，无毛或上部被倒生长柔毛。叶鞘紧密裹茎，边缘狭膜质，短于节间，无毛或疏被柔毛；叶舌干膜质，顶端截平，具微小齿；叶片扁平或边缘内卷，上面被长柔毛或粗糙，背面疏被柔毛或光滑。穗状花序直立，卵状椭圆形、卵状长椭圆形或长椭圆形，穗轴节间，密生短柔毛；小穗紧密排列 2 行呈篦齿状，具 7 ～ 8 朵花；颖舟形，边缘膜质，背面被长柔毛；外稃背部被柔毛，基盘圆钝，第一外稃，内稃与外稃等长，脊上具短纤毛，顶端 2 裂；花药黄色。花果期 6 ～ 9 月。

生于海拔 1400 ～ 2100m 干旱山坡、灌丛及疏林。

拂子茅属 *Calamagrostis* Adans.

拂子茅 *Calamagrostis epigeios* (L.) Roth

多年生草本。具细长横走根状茎。秆直立，无毛。叶鞘短于节间或基部者长于节间，稍粗涩；叶舌膜质，先端尖而常撕裂；叶片上面粗糙，下面光滑。圆锥花序紧密，圆柱形，下部具间断；小穗灰绿色或稍带紫色；颖近等长或第二颖稍短，先端长渐尖，具 1 脉或第二颖具 3 脉，主脉上粗糙；外稃透明膜质，长约为颖的 1/2，先端齿裂，芒自背面中部或稍上处伸出，内稃长为外稃的 2/3，基盘上的长柔毛与颖近等长；雄蕊 3 个，花药黄色。花果期 6 ～ 9 月。

生于低洼湿地、沟渠边及干旱河床等处。

落草属 *Koeleria* Persoon

落草 *Koeleria macrantha* (Ledeb.) Schultes

多年生草本。秆直立，密丛生，在花序下密生绒毛，基部残存纤维状枯萎叶鞘。叶鞘灰白色或淡黄色，无毛或被短柔毛，短于节间；叶舌膜质，顶端截平或边缘呈细齿状；叶片灰绿色，狭窄，常内卷或扁平，被短柔毛或上面无毛，边缘粗糙。圆锥花序紧缩呈穗状或具凹缺，下部有间断，有光泽，草绿色或带紫色，主轴及分枝均被柔毛；小穗含 2 ～ 3 朵小花，无毛；小穗轴被微毛或近无毛；颖倒卵状长圆形或长圆状披针形，先端尖，边缘宽膜质，脊上粗糙，第一颖具 1 脉，第二颖具 3 脉，外稃披针形，具 3 脉，先端尖，边缘膜质，无芒，内稃稍短于外稃，先端 2 裂。花果期 6 ～ 7 月。

生于海拔 1900 ～ 2300m 山坡、草地及岩石缝隙。

芦苇属 *Phragmites* Trin.

芦苇 *Phragmites australis* (Cav.) Trin. ex Steud.

多年生草本。根状茎粗壮，横走。秆直立，粗壮，节下通常具白粉。叶鞘无毛或被细毛；叶舌有毛；叶片扁平，光滑或边缘粗糙。圆锥花序卵状长椭圆形或卵状披针形，分枝斜升或稍开展，下部分枝腋间具白色长柔毛；小穗通常含3～7朵花；颖不等长，具3脉，第一颖先端稍钝，第二颖先端尖；第一小花通常雄性；第二小花两性，外稃，顶端长渐尖，基盘密生白色长柔毛。内稃，具脊，脊上粗糙。花果期7～11月。

生于河床、沟渠旁、路边、湿润地及田间。

九顶草属 *Enneapogon* Desv. ex Beauv.

九顶草 *Enneapogon desvauxii* Beauv.

一年生草本。秆密丛生，直立或节膝曲，被柔毛，基部鞘内常隐藏小穗。叶鞘短于节间，密被柔毛；叶舌短，顶端具柔毛；叶片狭线形，卷折，两面被短柔毛。圆锥花序穗状，铅灰色；小穗通常含 2 朵小花，小穗轴节间无毛；颖质薄，披针形，先端尖，被短柔毛，具 3 ～ 5 脉；第一外稃疏被短柔毛，边缘毛密而长，基盘尖，被长柔毛，顶端具 9 条直立的羽状芒；内稃与外稃等长，具脊 2 条，脊上疏生纤毛。花果期 5 ～ 10 月。

生于山麓砾石滩地。

狗尾草属 *Setaria* Beauv.

狗尾草 *Setaria viridis* (L.) Beauv.

一年生草本。秆直立或基部膝曲，通常较细弱，有时粗壮。叶鞘较松弛，无毛或具柔毛；叶舌具纤毛；叶片扁平，先端渐尖，基部略呈钝圆形或渐窄，通常无毛。圆锥花序密呈圆柱形，微弯垂或直立；刚毛，粗糙，绿色、黄色或变紫色；小穗椭圆形，先端钝；第一颖卵形，长约为小穗的1/3，具3脉；第二颖几与小穗等长，具5（7）脉；第一外稃与小穗等长，具5～7脉，具一狭窄的内稃；谷粒长圆形，顶端钝，具细点状皱纹。花期6～8月。

生于山地、荒野、路旁及田边。

狼尾草属 *Pennisetum* Rich.

白草 *Pennisetum flaccidum* Griseb.

多年生草本。具横走的根状茎。秆直立，单生或丛生。叶鞘于基部者多密集，上部者多松弛，无毛或于鞘口和边缘具纤毛；叶舌短，具纤毛；叶片线形，无毛或有柔毛。圆锥花序穗状，呈圆柱形，主轴有角棱，无毛或有微毛；总梗极短；具刚毛，粗糙，灰白色或带紫褐色；小穗单生；第一颖先端钝圆，脉不明显，第二颖长约为小穗的 1/2 ～ 3/4，先端尖或渐尖，具 3 ～ 5 脉；第一外稃与小穗等长，具 7 ～ 9 脉，内稃膜质或退化；雄蕊 3 个或退化，花药顶端无毛。花果期 6 ～ 10 月。

生于山坡、沙地及田埂等处。

四、罂粟科 Papaveraceae

紫堇属 *Corydalis* Vent.

灰绿黄堇 *Corydalis adunca* Maxim.

多年生草本。全株被白粉。叶 2 回羽状全裂。总状花序顶生；苞片披针形，距先端圆，萼片卵形，早落；花黄色，上面花瓣倒卵形，先端具尖头，下面花瓣稍狭，先端具小尖头，内侧 2 枚花瓣狭倒卵形，先端稍连合，基部具爪；子房线形，柱头 2 裂，周围具数个鸡冠状突起。蒴果宽线形，自下而上两瓣开裂。花期 6 ～ 7 月，果期 8 ～ 9 月。

生于海拔 1400 ～ 2300m 干旱山坡及石质山沟。

五、毛茛科 Ranunculaceae

铁线莲属 *Clematis* L.

灌木铁线莲 *Clematis fruticosa* Turcz.

直立灌木。单叶对生或在短枝上簇生，叶片长椭圆形，边缘具少数裂片状尖锯齿，基部2裂片较大。花单生叶腋或成含3朵花的聚伞花序；萼片4枚，椭圆形，常具1角状尖，全缘，背部中间黄褐色，无毛，边缘黄色；雄蕊花丝披针形。瘦果卵形。花期7～8月，果期8～9月。

生于海拔1400～1800m向阳干旱山坡及山麓。

六、蒺藜科 Zygophyllaceae

蒺藜属 *Tribulus* L.

蒺藜 *Tribulus terrestris* L.

一年生草本。茎由基部分枝，平铺地面。偶数羽状复叶，互生，具 4 ～ 7 对小叶；小叶对生，矩圆形，先端锐尖或钝，基部近圆形，稍偏斜，全缘。花单生叶腋；萼片 5 枚，卵状披针形，宿存；花瓣 5 枚，倒卵形，较萼片稍长，黄色；雄蕊 10 个；子房卵形，花柱短，柱头 5 裂。离果扁球形。花期 5 ～ 8 月，果期 6 ～ 9 月。

生于浅山沟谷、沟渠边及路旁。

驼蹄瓣属 *Zygophyllum* L.

蝎虎驼蹄瓣 *Zygophyllum mucronatum* Maxim.

多年生草本。茎具棱，多由基部分枝，铺散。复叶具 2 ~ 3 对小叶，小叶片线状矩圆形，先端具刺尖。花 1 ~ 2 朵腋生；萼片 5 枚，矩圆形或狭倒卵形，绿色，边缘膜质；花瓣 5 枚，倒卵形，上部白色，下部黄色，基部渐狭成爪；雄蕊长于花瓣，花药黄色。蒴果圆柱形。花期 5 月，果期 6 ~ 8 月。

生于干旱沙地及石质坡地。

霸王 *Zygophyllum xanthoxylon* (Bge.) Maxim.

灌木。复叶具2小叶，小叶肉质，线形或匙形，先端圆，基部渐狭。花单生叶腋，黄白色，萼片4枚，倒卵形，绿色，边缘膜质；花瓣4枚，倒卵形或近圆形，先端圆，基部渐狭成爪；雄蕊8个，较花瓣长；子房3室。蒴果通常具3宽翅，宽椭圆形或近圆形。花期4～5月，果期5～9月。

生于干旱石质山坡及覆沙坡地。

七、豆科 Leguminosae

沙冬青属 *Ammopiptanthus* Cheng f.

沙冬青 *Ammopiptanthus mongolicus* (Maxim.) Cheng f.

常绿灌木。枝黄绿色。叶为掌状三出复叶；托叶小，锥形，贴生于叶柄而抱茎；小叶长椭圆形、倒卵状椭圆形、菱状椭圆形或椭圆状披针形。总状花序顶生；萼钟形，萼齿4个，极短，上方1齿较大；花冠黄色。荚果长椭圆形，扁平，先端具喙。花期4～5月，果期5～6月。

生于浅山石质干旱山坡及砂石地。

胡枝子属 *Lespedeza* Michx.

牛枝子 *Lespedeza potaninii* Vass.

半灌木。茎斜升或平卧，基部多分枝，有细棱，被粗硬毛。托叶刺毛状；羽状复叶具3小叶，小叶狭长圆形，稀椭圆形至宽椭圆形，先端钝圆或微凹，具小刺尖，基部稍偏斜。总状花序腋生；总花梗长，明显超出叶；花疏生；花萼密被长柔毛，5深裂，裂片披针形，先端长渐尖，呈刺芒状；花冠黄白色，稍超出萼裂片，旗瓣中央及龙骨瓣先端带紫色。荚果倒卵形。花期7～9月，果期9～10月。

生于海拔2000m以下荒漠草原、草原带的沙质地、砾石地、丘陵地、石质山坡及山麓。

锦鸡儿属 *Caragana* Lam.

荒漠锦鸡儿 *Caragana roborovskyi* Kom.

矮灌木。树皮黄色，条状剥落。托叶膜质，三角状披针形；叶轴全部宿存并硬化成刺；小叶 4 ～ 6 对，羽状着生，倒卵形或倒卵状披针形。花单生；萼筒形，萼齿三角状披针形；花冠黄色。荚果圆筒形，密被柔毛。花期 4 ～ 5 月，果期 6 ～ 7 月。

生于海拔 1600 ～ 1900m 干旱山坡、山麓石砾滩地及山谷间干河床。

狭叶锦鸡儿 *Caragana stenophylla* Pojark.

灌木。小叶假掌状着生，线状倒披针形，先端急尖，具小尖头，基部渐狭，两面无毛或疏被柔毛。花单生；近中部具关节；花萼钟形，基部偏斜，萼齿宽三角形，先端具尖头；花冠黄色。荚果线形，膨胀，成熟时红褐色。花期6～7月，果期7～8月。

生于海拔1500～2300m石质山坡及沟谷灌丛。

雀儿豆属 *Chesneya* Lindl. ex Endl.

大花雀儿豆 *Chesneya macrantha* Cheng f. ex H. C. Fu

垫状草本。茎极短缩。羽状复叶有7～9枚小叶；托叶近膜质，卵形，宿存；叶柄和叶轴疏宿存并硬化成针刺状；小叶椭圆形或倒卵形。花单生；花萼管状，基部一侧膨大呈囊状，萼齿线形，与萼筒近等长；花冠紫红色。花期6月，果期7月。

生于低山石质丘陵。

棘豆属 *Oxytropis* DC.

猫头刺 *Oxytropis aciphylla* Ledeb.

矮小半灌木。地上茎短而多分枝成垫状。偶数羽状复叶，叶轴先端成刺，具小叶 2 ～ 3 对；小叶线形，先端成硬刺尖。总状花序叶腋生，总花梗短，常具 2 朵花；苞片披针形；花萼筒形，萼齿锥形；花冠蓝紫色，龙骨瓣先端具喙。荚果矩圆形。花期 5 ～ 6 月，果期 6 ～ 7 月。

生于海拔 1400 ～ 2300m 干旱石质山坡、石质滩地及沙地。

黄耆属 *Astragalus* L.

胀萼黄耆 *Astragalus ellipsoideus* Ledeb.

多年生草本。茎短缩。奇数羽状复叶，具小叶 9 ～ 21 枚，小叶片椭圆形或倒卵形，先端急尖或圆钝。总状花序紧密，卵形或圆筒形；花萼筒状，萼齿钻形，长为萼筒的 1/3；花冠黄色。荚果卵状矩圆形。花期 5 ～ 6 月，果期 7 ～ 8 月。

生于干旱山坡及砾石滩地。

斜茎黄耆 *Astragalus laxmannii* Jacquin

多年生草本。茎多数丛生，斜升。奇数羽状复叶，具小叶 11 ～ 25 枚，卵状椭圆形、椭圆形或长椭圆形，先端钝，基部圆形；托叶三角形或卵状三角形。总状花序叶腋生，远较叶长，具花约 40 朵，较紧密；花萼钟形，萼齿锥形，不等长；花冠蓝紫色。荚果圆筒形，背缝线凹陷，被黑色丁字毛。花期 6 ～ 7 月，果期 8 ～ 10 月。

生于海拔 1500m 左右的山坡、草地及低洼盐碱地。

变异黄耆 *Astragalus variabilis* Bge. ex Maxim.

多年生草本。茎多数丛生，直立或稍斜升，上部具分枝。奇数羽状复叶，具小叶 9 ～ 15 枚，长椭圆形或狭长椭圆形。总状花序叶腋生，较叶长或近等长，具花 5 ～ 8 朵，较紧密；花萼筒形，萼齿锥形；花冠蓝紫色。荚果线形，扁平，弯曲，被白色丁字毛。花期 6 ～ 7 月，果期 7 ～ 8 月。

多生于荒漠地区干旱山坡、石质滩地及固定沙丘上。

草木犀属 *Melilotus* Adans.

草木犀 *Melilotus officinalis* (L.) Pall.

二年生草本。茎直立，粗壮，多分枝。羽状三出复叶；托叶镰状线形；小叶倒卵形、阔卵形、倒披针形至线形，先端钝圆或截形，基部阔楔形，边缘具不整齐疏浅齿，侧脉 8 ～ 12 对，平行直达齿尖，两面均不隆起，顶生小叶稍大，具较长的小叶柄，侧小叶的小叶柄短。总状花序，腋生，具花 30 ～ 70 朵；萼钟形，萼齿三角状披针形，稍不等长，比萼筒短；花冠黄色。荚果卵形。花期 5 ～ 9 月，果期 6 ～ 10 月。

宁夏全区普遍栽培。分布于东北、华南、西南各地。

八、远志科 Polygalaceae

远志属 *Polygala* L.

远志 *Polygala tenuifolia* Willd.

多年生草本。茎丛生，直立或斜升。叶互生，线状披针形至狭线形，全缘。总状花序顶生或腋生，基部有3苞片，披针形；萼片5枚；花瓣3枚，2枚侧瓣倒卵形，内侧基部稍有毛，中间龙骨状花瓣，背部顶端具流苏状缨；雄蕊8个。蒴果扁圆形，顶端微凹，边缘有狭翅。花期7～8月，果期8～9月。

生于海拔1500～2300m干旱山坡及沟谷河滩。

九、蔷薇科 Rosaceae

委陵菜属 *Potentilla* L.

二裂委陵菜 *Potentilla bifurca* L.

多年生草本。茎多平铺，自基部多分枝。羽状复叶，基生叶具小叶9～13枚，小叶对生，椭圆形或倒卵状矩圆形，先端常2裂或圆钝全缘；茎生叶通常具小叶3～7枚，叶柄短或无；托叶卵状披针形，全缘。聚伞花序顶生，具花3～5朵；花黄色；副萼片狭长椭圆形；萼裂片长圆状卵形，较副萼稍长；花瓣宽倒卵形。瘦果。花期5～6月，果期7～8月。

生于山坡、草地、田野及路旁。

菊叶委陵菜 *Potentilla tanacetifolia* Willd. ex Schlecht.

多年生草本。茎直立或开展。奇数羽状复叶，具小叶 7 ～ 13 枚，倒卵状矩圆形，先端钝，基部楔形，边缘具锐锯齿，顶生小叶片较大，向下渐次变小；茎生叶通常具小叶 5 ～ 7 枚。伞房状聚伞花序具多花；花黄色；副萼片线状披针形；萼裂片三角状卵形，与副萼近等长；花瓣宽倒卵形或近圆形，先端微凹。瘦果矩圆状卵形。花期 6 ～ 8 月，果期 8 ～ 9 月。

生于向阳山坡草地。

桃属 *Amygdalus* L.

蒙古扁桃 *Amygdalus mongolica* (Maxim.) Ricker

灌木。多分枝，顶端成刺。叶近圆形、宽倒卵形、宽卵形或椭圆形，先端圆钝或急尖，基部宽楔形至圆形，边缘具细圆钝锯齿。花单生于短枝上；花萼宽钟形，萼裂片椭圆形；花瓣淡红色，倒卵形或椭圆形，先端圆，基部具短爪；雄蕊多数。果实扁卵形，先端尖，密被粗柔毛。花期 5 月，果期 6 ～ 7 月。

生于海拔 1400 ～ 2300m 的低山丘陵、干旱石质山坡及干河床。

十、鼠李科 Rhamnaceae

枣属 *Ziziphus* Mill.

酸枣 *Ziziphus jujuba* Mill. var. *spinosa* (Bge.) Hu ex H. F. Chow

灌木或小乔木。小枝常呈“之”字形弯曲，灰褐色，具刺，刺 2 种，一为细长针状刺，一为短刺，呈弯钩状；脱落枝黄绿色，被短柔毛。单叶互生，长椭圆状卵形至卵形，先端钝，有时微凹，基部圆形，偏斜，边缘有钝锯齿，基部 3 出脉。聚伞花序叶腋生，具 2 ～ 4 朵花；萼裂片 5 枚，卵形或卵状三角形；花瓣 5 枚，膜质，勺形；雄蕊稍长于花瓣。核果近球形。花期5～6月，果期9～10月。

生于海拔 1500 ～ 1800m 干旱石质滩地及山谷。

十一、榆科 Ulmaceae

榆属 *Ulmus* L.

旱榆（灰榆） *Ulmus glaucescens* Franch.

小乔木或灌木状。老枝灰白色，无毛。叶卵形、卵状椭圆形至狭卵形，基部偏斜，边缘具单锯齿；叶柄被短毛。翅果较大，倒卵形，种子位于翅果中央；果柄被短毛。花期 5 月，果期 6 月。

生于海拔 1500 ～ 2400m 的向阳干旱山坡、沟底及石崖上。

榆树 *Ulmus pumila* L.

乔木。树皮深灰褐色，纵裂。叶倒卵形，边缘具单锯齿。花簇生于前一年生或当年生枝的叶腋，有短梗；花被片4～5枚；雄蕊4～5个；子房扁平，花柱2个。翅果近圆形，先端具凹缺，种子位于翅果的中央。花期4月，果期5月。

宁夏全区普遍栽培。

十二、白刺科 Nitrariaceae

骆驼蓬属 *Peganum* L.

骆驼蒿 *Peganum nigellastrum* Bge.

多年生草本，全株被短硬毛。茎丛生，灰黄色，直立、斜升或基部平铺，具纵棱，被短硬毛。叶稍肉质，2～3回羽状全裂，裂片针状线形，先端渐尖，背面及边缘被短硬毛。花单生，顶生或腋生；萼片稍长于花瓣，5～7全裂，裂片针形，疏被短硬毛；花瓣白色或淡黄色，椭圆形或矩圆形；雄蕊15个；子房3室，柱头3裂，棱形。蒴果近球形，黄褐色，3瓣裂。种子纺锤形，黑褐色，具疣状小突起。花期5～7月，果期6～8月。

生于沙地、砾质地、黄土丘陵、路边及村庄附近。

十三、无患子科 Sapindaceae

文冠果属 *Xanthoceras* Bge.

文冠果 *Xanthoceras sorbifolia* Bge.

落叶灌木或小乔木。树皮灰褐色。奇数羽状复叶，互生，具 9 ～ 19 枚小叶，叶下部的小叶互生，上部的小叶对生；小叶长椭圆形至披针形，先端锐尖，基部渐狭，边缘具尖锐锯齿。总状花序顶生；萼裂片 5 枚，椭圆形；花瓣 5 枚，倒卵状披针形，白色，基部紫红色；花盘裂片背面有 1 角状附属物；雄蕊 8 个；子房椭圆形，被绒毛，花柱直立，柱头头状。蒴果灰绿色，3 瓣裂。种子近球形，暗褐色。花期 4 ～ 5 月，果期 7 ～ 8 月。

生于海拔 1500 ～ 2300m 丘陵山坡等处。

十四、芸香科 Rutaceae

拟芸香属 *Haplophyllum* A. Juss.

针枝芸香 *Haplophyllum tragacanthoides* Diels

矮小半灌木。茎由基部丛生。叶矩圆状倒披针形或狭椭圆形，先端锐尖或钝，基部渐狭，边缘具疏锯齿，两面灰绿色，无毛，具黑色腺点。花单生茎顶；花萼5深裂，裂片卵形至宽卵形；花瓣黄色，宽卵形或卵状矩圆形，边缘膜质，白色，沿中脉两侧绿色，具腺点；子房扁球形，4～5室。蒴果顶端开裂。种子肾形，表面具皱纹。花期6月，果期7～8月。

生于海拔1400～2300m石质干旱山坡。

十五、柽柳科 Tamaricaceae

柽柳属 *Tamarix* L.

柽柳 *Tamarix chinensis* Lour.

灌木或小乔木。叶小，卵状披针形、矩圆状披针形或钻形，先端锐尖，基部鞘状抱茎。总状花序，生于浅绿色幼枝上，组成顶生圆锥花序；苞片狭披针形或钻形，先端尖，基部扩大，稍长于花梗；萼片5枚，卵状三角形；花瓣5枚，矩圆形或倒卵状矩圆形，开张，宿存；雄蕊5个，生于花盘裂片之间，稍长于花瓣；花盘5裂，裂片顶端微凹；花柱3个，棒状。蒴果圆锥形，3裂；种子细小，先端具簇毛。花果期5～10月。

生于沟渠旁及低洼盐碱湿地。

十六、苋科 Amaranthaceae

滨藜属 *Atriplex* L.

中亚滨藜 *Atriplex centralasiatica* Iljin

一年生草本。茎直立，密被白粉。叶互生，叶片菱状卵形，基部宽楔形，中部一对齿较大，呈裂片状，上面绿色，下面密被粉粒，银白色。花单性，雌雄同株，团伞花序叶腋生；雄花花被片5枚，雄蕊5个，花丝扁平，基部连合；雌花无花被，具2苞片，果时增大，菱形，边缘具不等大的三角形牙齿。胞果扁平，宽卵形。种子扁平，棕色。花果期7～9月。

生于潮湿盐碱滩地、沟渠旁、田边及村庄附近。

雾冰藜属 *Bassia* All.

雾冰藜 *Bassia dasyphylla* (Fisch. et C. A. Mey.) Kuntze

一年生草本。全株密被长软毛。茎直立，多分枝，开展。叶互生，肉质，线状半圆柱形，先端钝，基部渐狭，密被长柔毛。花单生或2朵簇生叶腋，通常仅1朵发育；花被球状壶形，密被长柔毛，5浅裂，果时花被片背部生5个锥状刺，形成一平展的五角形状；雄蕊5个，花丝线形，伸出花被外；子房卵形，花柱短，柱头2裂，稀3裂。果实卵形。种子横生，近圆形，光滑。花果期7～9月。

生于砂石质地、半固定沙丘及山前洪积扇上。

地肤属 *Kochia* Roth

地肤 *Kochia scoparia* (L.) Schard.

一年生草本。茎直立，淡绿色或带红色。叶互生，披针形，先端渐尖，基部渐狭成柄，具3条脉，边缘具白色长缘毛。花单生或2朵生叶腋，于枝上排列成稀疏的穗状花序；花被片5枚，基部合生，黄绿色，背面近先端处有绿色隆脊及横生龙骨状突起，果时龙骨状突起发育成横生短翅。胞果扁球形，果皮膜质。种子卵形，黑褐色。花期6～9月，果期8～10月。

生于田边、荒地、路边及村庄附近。

猪毛菜属 *Salsola* L.

猪毛菜 *Salsola collina* Pall.

一年生草本。叶互生，线状圆柱形。花两性，在各枝顶端成穗状花序；苞片较叶短，卵状长圆形，具刺尖，边缘干膜质，小苞片2枚，狭披针形，具刺尖；花被片5枚，锥形，直立，背面上部生有不等形短翅，翅以上的花被片膜质，集中在中央；雄蕊5个，柱头2裂，线形。胞果宽倒卵形，顶端截形。花期7～9月，果期8～10月。

多生于田边、路旁及盐碱荒地。

刺沙蓬 *Salsola tragus* L.

一年生草本。茎直立，多自基部分枝，被短糙硬毛。叶互生，圆柱形，肉质，先端具白色硬刺尖。花序穗状，顶生；苞片长卵形，先端具刺尖，基部边缘膜质，小苞片卵形，先端具刺尖；花被片5枚，长卵形，膜质，果时背面中部生翅；雄蕊5个，花药矩圆形，顶端无附属物；柱头2裂，丝状，长为花柱的3～4倍。胞果倒卵形，果皮膜质。种子横生，胚螺旋形。花期7～9月，果期9～10月。

多生于干旱山坡、石质荒漠及砂质地。

松叶猪毛菜 *Salsola laricifolia* Turcz. ex Litv.

小灌木。多分枝；老枝黑褐色，有浅裂纹，嫩枝乳白色，有光泽。叶互生，老枝上叶簇生于短枝顶端，线形，肥厚，黄绿色。穗状花序，花单生于苞腋，苞片叶状，线形，小苞片宽卵形；花被片 5 枚，长卵形，果时自背面中下部生横翅，翅黄褐色；雄蕊 5 个，花药矩圆形，顶端具附属物；柱头钻形。花果期 5 ～ 9 月。

生于海拔 1600 ～ 2400m 干旱山坡及石质荒漠。

盐生草属 *Halogeton* C. A. Mey.

白茎盐生草 *Halogeton arachnoideus* Moq.

一年生草本。枝灰白色，幼时被蛛丝状毛，后脱落。叶肉质，圆柱形，叶腋簇生柔毛。花杂性，小苞片2枚，宽卵形，肉质；花被片5枚，宽披针形，果时背面近顶部横生膜质翅，半圆形，大小近相等；雄花无花被，雄蕊5个，花丝线形，花药矩圆形；子房卵形，花柱短，柱头2裂。胞果近圆形，背腹扁。种子圆形；胚螺旋形。花果期7～8月。

多生于山坡、砂石质地及河滩地。

十七、夹竹桃科 Apocynaceae

罗布麻属 *Apocynum* L.

罗布麻 *Apocynum venetum* L.

直立半灌木。具乳汁。枝条圆筒形，无毛，紫红色。叶对生，分枝处的叶常互生，卵状长椭圆形，边缘具骨质细齿；叶柄柄腋间具腺体。聚伞花序顶生；花梗被短柔毛；花萼5深裂，裂片椭圆状披针形，两面被短柔毛；花冠筒状钟形，紫红色，外面被短绒毛，先端5裂，裂片卵状椭圆形；雄蕊5个，着生于花冠筒基部。蓇葖果2个，叉生，圆柱形，紫红色，无毛；种子卵状椭圆形，顶端具一簇白色种毛。花期6～7月，果期8～9月。

生于盐碱荒地及沟渠旁。

鹅绒藤属 *Cynanchum* L.

鹅绒藤 *Cynanchum chinense* R. Br.

多年生缠绕草本。根圆柱形。茎多分枝，灰绿色，被短柔毛。叶对生，宽三角状心形，两面均被短柔毛；叶柄被短柔毛。聚伞花序叶腋生；花梗与总花梗均被短柔毛；花萼5深裂，裂片披针形，背面被短柔毛；花冠白色，5深裂；副花冠杯状，顶端裂成10个丝状体，外轮5个与花冠裂片等长，内轮5个稍短；柱头近五角形，顶端2裂。蓇葖果1个发育，圆柱形，平滑无毛；种子矩圆形，压扁，顶端具一簇白色种毛。花期6～8月，果期8～9月。

多生于沙滩地、荒地及田边等。

地梢瓜 *Cynanchum thesioides* (Freyn) K. Schum.

多年生草本。具横生的地下茎；地上茎铺散或斜升，密被白色短硬毛。叶对生，线形，全缘，向背面反卷，两面被短硬毛；近无柄。伞状聚伞花序腋生，花梗均密被短硬毛；花萼5深裂，裂片披针形，背面被白色短硬毛；花冠白色，5深裂，裂片椭圆状披针形，外面疏被短硬毛；副花冠杯状，5深裂，裂片狭三角形，先端尖；柱头扁平。蓇葖果单生，狭卵状纺锤形，被短硬毛；种子卵形，扁平，顶端具白色种毛。花期6～8月，果期7～9月。

生于沙地、荒地及田埂。

十八、旋花科 Convolvulaceae

旋花属 *Convolvulus* L.

刺旋花 *Convolvulus tragacanthoides* Turcz.

半灌木，全株被银灰色丝状毛。茎铺散呈垫状，多分枝；小枝坚硬具刺，节间短。叶互生，狭倒披针形，先端钝，基部渐狭，无柄。花单生或 2～3 朵集生于枝顶，花梗短粗；萼片椭圆形，顶端具小尖头；花冠漏斗状，粉红色，具 5 条密生棕黄色长毛的瓣中带，冠檐 5 浅裂；雄蕊 5 个，不等长，花丝丝状，基部扩大，长为花冠的一半；子房被毛，花柱丝状，柱头 2 裂，线形，长于雄蕊。蒴果圆锥形，被毛。花期6～9月，果期8～10月。

生于山前砾石滩地及干旱山坡上。

十九、唇形科 Labiatae

莸属 *Caryopteris* Bge.

蒙古莸 *Caryopteris mongholica* Bge.

矮小灌木。老枝灰褐色，幼枝紫褐色，被灰白色短柔毛。单叶对生，披针形，两面密被短绒毛；具短柄，密被灰白色短绒毛。聚伞花序，花梗与总花梗密被灰白色短绒毛；花萼钟形，外面密被灰白色短绒毛，顶端 5 裂，裂片披针形；花冠蓝紫色，高脚碟状，外面被短柔毛，花冠筒细长，先端 5 裂；雄蕊 4 个，2 强；花柱细长，稍短于雄蕊，柱头 2 裂。果实球形，成熟时裂为 4 个小坚果，斜椭圆形，周围具狭翅。花期 7 月，果期 8 ～ 9 月。

生于海拔 1600 ～ 2400m 干旱山坡。

兔唇花属 *Lagochilus* Bge.

冬青叶兔唇花 *Lagochilus ilicifolius* Bge. ex Benth

多年生草本。根木质，圆柱形。茎多由基部分枝，灰白色，密被白色短硬毛。叶楔状菱形，先端具 3 ～ 5 裂齿，齿端具短芒状刺尖，硬革质，两面无毛。轮伞花序具 2 ～ 4 朵花，生于茎中上部叶腋内；苞片针刺状，无毛；花萼钟形，硬革质，无毛，萼齿 5 个，不等大；花冠淡黄色，上唇直立，具明显的紫褐色网纹，下唇 3 裂；雄蕊 4 个，前对雄蕊较长；花柱与前对雄蕊等长，先端等 2 浅裂。花期 6 ～ 7 月。

生于浅山洪积扇及石质山坡。

二十、菊科 Compositae

风毛菊属 *Saussurea* DC.

西北风毛菊 *Saussurea petrovii* Lipsch.

半灌木。根粗壮，木质，深褐色，外皮纤维状纵裂。茎丛生，直立，密被灰白色短绵毛。叶倒披针状线形，上面绿，被短绵毛，下面灰白色，密被灰白色绵毛。头状花序在茎顶排列成伞房花序；总苞筒状钟形；总苞片 5 层，被短绵毛，边缘暗紫红色，中肋绿色，外层卵形，中层卵状椭圆形，内层披针形；花冠粉红色，被腺点。瘦果倒卵状圆柱形，褐色，具黑色斑点；冠毛 2 层，外层糙毛状，内层羽毛状。花期 7 ～ 8 月，果期 8 ～ 9 月。

生于海拔2000m左右的向阳干旱山坡。

鸦葱属 *Scorzonera* L.

帚状鸦葱 *Scorzonera pseudodivaricata* Lipsch.

多年生草本。根粗壮，颈部具多数纤维状残存枯叶。茎多数自根颈发生，多分枝，分枝细长，向上弯曲，具纵条棱，被短柔毛。叶线形，先端长渐尖，无毛，上部叶短小。头状花序单生枝顶；总苞圆柱状，总苞片约 5 层，外层三角形，先端尖，内层披针状长椭圆形，边缘狭膜质；具 7 ～ 12 朵舌状花，黄色，两性，结实。瘦果圆柱形，稍弯曲，暗褐色，冠毛羽状。花期 5 ～ 6 月，果期 7 ～ 8 月。

生于低山石质山坡。

莴苣属 *Lactuca* L.

乳苣（蒙山莴苣） *Lactuca tatarica* (L.) C. A. Mey.

多年生草本。根圆柱形。茎上部分枝，具纵棱，无毛。基生叶及茎下部叶质厚，长椭圆形，具小尖头，基部渐狭成具翅的柄，柄基稍扩展，半抱茎，羽裂，侧裂片三角形，边缘具小尖齿牙，两面无毛。头状花序在茎顶排列成开展的圆锥花序；总苞圆筒形；总苞片 3 层，边缘狭膜质，外层总苞片狭卵形，中层卵状披针形，内层总苞片线状长椭圆形；舌状花紫色或淡紫色。瘦果长椭圆形，具 5 ～ 7 条纵肋；冠毛白色。花果期 6 ～ 8 月。

生于田边、路旁、沟渠边及潮湿的盐碱地上。

苦荬菜属 *Ixeris* Cass.

中华苦荬菜 *Ixeris chinensis* (Thunb.) Nakai

多年生草本。具乳汁，全体无毛。茎丛生，具分枝。基生叶莲座状，线状披针形，基部渐狭下延成柄；叶柄基部扩展；茎生叶 1 ～ 2 枚，披针形，基部稍抱茎。头状花序多数，排列成疏的伞房状圆锥花序；总苞圆筒状，总苞片 2 层，外层总苞片小，卵形，边缘狭膜质，内层总苞片线状披针形，边缘狭膜质；舌状花黄色、白色或淡紫红色。瘦果狭披针形，红棕色；冠毛白色。花果期 5 ～ 8 月。

生于山坡、路边及沟渠旁。

紫菀属 *Aster* L.

阿尔泰狗娃花 *Aster altaicus* Willd.

多年生草本。茎多分枝，被弯曲的硬毛。基生叶开花时枯萎，茎生叶互生，线形，基部渐狭，全缘，无柄，两面被弯曲的短硬毛。头状花序；总苞半球形，总苞片2～3层，草质，边缘膜质，背面被短硬毛，外层总苞片线状长椭圆形，内层菱状长椭圆形，先端紫红色，舌状花淡蓝紫色，管状花黄色，顶端5裂，其中1裂片稍长，外面被毛。瘦果倒卵状矩圆形，密被长柔毛；管状花冠毛红褐色，糙毛状。花期5～9月，果期6～10月。

生于荒漠、沙地、路边及山坡。

紫菀木属 *Asterothamnus* Novopokr.

中亚紫菀木 *Asterothamnus centraliasiaticus* Novopokr.

亚灌木。基部多分枝，老枝木质化，灰黄色，幼枝细长，灰绿色，具沟棱，被灰白色短绒毛。叶互生，矩圆状线形，下面灰白色，密被蛛丝状绵毛；无柄。头状花序单生枝端或2～3个排列成疏散的伞房花序；总苞宽倒卵形；总苞片3～4层，边缘膜质，背面被短绒毛，外层总苞片较短，卵状披针形，内层线状长椭圆形，上端紫红色；舌状花淡紫红色。瘦果倒披针形；冠毛糙毛状，白色，与管状花花冠等长。花期7～9月，果期8～10月。

生于海拔2000m以下砾石荒滩及沙质地。

亚菊属 *Ajania* Poljak.

蓍状亚菊 *Ajania achilleoides* (Turcz.) Poljak. ex Grubov

小半灌木。茎由基部多分枝，基部木质，具纵棱，密被灰色短柔毛或叉状毛。茎下部和中部叶卵形，2 回羽状全裂，小裂片线形，先端钝，两面密被短柔毛；上部叶羽状全裂或不裂。头状花序在茎枝端排列成伞房状；总苞钟形，总苞片 3 ～ 4 层，黄色，有光泽，外层卵形，中内层卵形，边缘膜质，淡褐色；雌花花冠细管状，两性花花冠管状，被腺点。瘦果褐色。花果期 8 ～ 9 月。

生于海拔 2000m 以下干旱的砾石山坡。

蒿属 *Artemisia* L.

华北米蒿 *Artemisia giraldii* Pamp.

多年生草本。主根长圆锥形，木质。茎直立，暗紫褐色。茎下部叶卵形，指状3深裂，裂片披针形，表面被短柔毛，背面密被灰白色蛛丝状柔毛；茎中部叶椭圆形，指状3深裂，裂片线形，先端尖，边缘反卷。头状花序宽卵形，排成总状花序、复总状花序或圆锥花序；总苞片2～3层，外、中层卵形，背面无毛，内层椭圆形；边花雌性，花冠狭圆锥形，顶端2齿裂，盘花两性，花冠管状，黄色或紫红色，不育。瘦果倒卵状椭圆形。花果期8～10月。

生于浅山干旱山坡及河床。

黑沙蒿 *Artemisia ordosica* Krasch.

半灌木。主根长圆锥形，木质。茎直立，丛生，老枝灰白色，幼枝淡紫红色。叶黄绿色，半肉质，无毛，茎下部叶 2 回羽状全裂，小裂片狭线形；茎中部叶卵形，1 回羽状全裂，裂片狭线形；茎上部叶 3 ～ 5 全裂。头状花序卵形，排成总状花序、复总状花序或圆锥花序；总苞片 3 ～ 4 层，外、中层总苞片卵形，背面黄绿色，无毛，边缘膜质，内层长卵形；边花雌性，花冠狭圆锥状，顶端 2 齿裂，盘花两性，花冠管状，不育。瘦果倒卵状长椭圆形。花果期 8 ～ 10 月。

生于浅山干旱河床。

猪毛蒿 *Artemisia scoparia* Waldst. et Kit.

一年生或二年生草本。主根长圆锥形。茎直立，单一，红褐色，被灰黄色绢质柔毛。基生叶近圆形，2～3回羽状全裂，两面被灰白色绢质柔毛；茎下部叶长卵形，2～3回羽状全裂，小裂片狭线形；茎中部叶长圆形，1～2回羽状全裂，小裂片细线形。头状花序近球形，排成复总状花序或圆锥花序；总苞片2～3层，外层卵形，无毛，中、内层长卵形；边花雌性，花冠狭圆锥形，盘花两性，花冠管状，不育。瘦果倒卵状长椭圆形。花果期7～10月。

生于海拔2800m以下的河滩地及山坡灌丛。

白莲蒿 *Artemisia stechmanniana* Bess.

多年生草本。根粗壮、木质。茎直立，丛生，褐色，下部常木质。茎下部叶与中部叶片长卵形，2～3回栉齿状羽状分裂，小裂片披针形，叶轴两侧具栉齿，背面密被灰白色平伏短柔毛，叶柄长基部具小形栉齿状分裂的假托叶。头状花序球形，总状花序或圆锥花序；总苞片3～4层，外层总苞片长椭圆形，被灰白色短柔毛，中肋绿色，中、内层倒卵状椭圆形；边花雌性，花冠狭管状，盘花两性，花冠管状，顶端5齿裂。瘦果卵状狭椭圆形。花果期8～9月。

生于海拔1600～2500m石质山坡及砾石滩地。

参考文献

1. 马德滋, 刘惠兰, 胡福秀. 宁夏植物志. 2版. 上卷. 银川: 宁夏人民出版社, 2007
2. 黄璐琦, 李小伟. 贺兰山植物资源图志. 福州: 福建科技出版社, 2017
3. 朱宗元, 梁存柱. 贺兰山植物志. 银川: 阳光出版社, 2011
4. 赵一之, 马文红, 赵利清. 贺兰山维管植物检索表. 呼和浩特: 内蒙古大学出版社, 2016
5. Wu Z Y, Raven P H. Flora of China: Vol. 4. Beijing: Science Press, St. Louis: Missouri Botanical Garden press, 1999
6. Wu Z Y, Raven P H. Flora of China: Vol. 5. Beijing: Science Press, St. Louis: Missouri Botanical Garden press, 2003
7. Wu Z Y, Raven P H. Flora of China: Vol. 6. Beijing: Science Press, St. Louis: Missouri Botanical Garden press, 2001
8. Wu Z Y, Raven P H. Flora of China: Vol. 7. Beijing: Science Press, St. Louis: Missouri Botanical Garden press, 2008
9. Wu Z Y, Raven P H. Flora of China: Vol. 8. Beijing: Science Press, St. Louis: Missouri Botanical Garden press, 2001
10. Wu Z Y, Raven P H. Flora of China: Vol. 11. Beijing: Science Press, St. Louis: Missouri Botanical Garden press, 2009
11. Wu Z Y, Raven P H. Flora of China: Vol. 12. Beijing: Science Press, St. Louis: Missouri Botanical Garden press, 2007
12. Wu Z Y, Raven P H. Flora of China: Vol. 13. Beijing: Science Press, St. Louis: Missouri Botanical Garden press, 2007
13. Wu Z Y, Raven P H. Flora of China: Vol. 14. Beijing: Science Press, St. Louis: Missouri Botanical Garden press, 2005
14. Wu Z Y, Raven P H. Flora of China: Vol. 15. Beijing: Science Press, St. Louis: Missouri Botanical Garden press, 1996
15. Wu Z Y, Raven P H. Flora of China: Vol. 16. Beijing: Science Press, St. Louis: Missouri Botanical Garden press, 1995
16. Wu Z Y, Raven P H. Flora of China: Vol. 19. Beijing: Science Press, St. Louis: Missouri Botanical Garden press, 2011
17. 刘夙, 刘冰. 多识植物百科. http: //duocet.ibiodiversity.net/. [2021-02-19]